SOCIÉTÉ DE SECOURS DES AMIS DES SCIENCES

NOTICE

SUR

LA VIE ET LES TRAVAUX

DE

A. POITEVIN

PAR

M. A. DAVANNE,

VICE-PRÉSIDENT DE LA SOCIÉTÉ FRANÇAISE DE PHOTOGRAPHIE.

Conférence faite le 20 avril 1882
à la séance générale de la Société des Amis des Sciences,
dans le grand amphithéâtre de la Sorbonne,
sous la présidence de M. Dumas.

PARIS,
GAUTHIER-VILLARS, IMPRIMEUR-LIBRAIRE
DU BUREAU DES LONGITUDES, DE L'ÉCOLE POLYTECHNIQUE,
SUCCESSEUR DE MALLET-BACHELIER,
Quai des Grands-Augustins, 55.

1882

NOTICE

SUR

LA VIE ET LES TRAVAUX

DE

A. POITEVIN

SOCIÉTÉ DE SECOURS DES AMIS DES SCIENCES

NOTICE

SUR

LA VIE ET LES TRAVAUX

DE

A. POITEVIN

PAR

M. A. DAVANNE,

VICE-PRÉSIDENT DE LA SOCIÉTÉ FRANÇAISE DE PHOTOGRAPHIE.

Conférence faite le 20 avril 1882
à la séance générale de la Société des Amis des Sciences,
dans le grand amphithéâtre de la Sorbonne,
sous la présidence de M. Dumas.

PARIS,
GAUTHIER-VILLARS, IMPRIMEUR-LIBRAIRE
DU BUREAU DES LONGITUDES, DE L'ÉCOLE POLYTECHNIQUE,
SUCCESSEUR DE MALLET-BACHELIER,
Quai des Grands-Augustins, 55.

1882

NOTICE

SUR

LA VIE ET LES TRAVAUX

DE

A. POITEVIN

PAR

M. A. DAVANNE

Vice-Président de la Société Française de Photographie.

MONSIEUR LE PRÉSIDENT,
MESDAMES, MESSIEURS,

Après l'éloge de ces savants illustres, BUSSY, DUBRUNFAUT, H. SAINTE-CLAIRE DEVILLE, fait par celui qui fut le digne collaborateur des grands travaux de Sainte-Claire Deville (1) et dont le nom a sa place si haut marquée dans la Science, je vous demande d'accorder encore quelques moments à un simple membre de notre Association, qui vient vous entretenir de la vie et des travaux d'un savant dont les œuvres, moins éclatantes, sont certainement ignorées d'un grand nombre des personnes qui veulent bien me prêter leur attention.

Ces travaux, cependant, ont eu une importance capitale sur le développement de l'une de nos grandes découvertes modernes, qu'ils ont pour ainsi dire transformée. Tout le monde connaît la Photographie ; chacun apprécie les

(1) M. DEBRAY, membre de l'Institut.

résultats qu'elle produit ; partout, dans le cabinet du savant, dans l'atelier de l'artiste, dans celui de l'industriel, dans nos salons comme dans les plus modestes logis, et même dans les lointains pays qui ne sont qu'à l'aurore de la civilisation, partout, maintenant, on retrouve ces épreuves photographiques auxquelles les uns demandent la constatation de la vérité et le plus grand nombre les doux souvenirs de l'amitié et de la famille.

Mais qu'ils sont peu nombreux ceux qui connaissent le nom des hommes qui leur ont procuré cette douce jouissance, qui ont mis à la portée de l'artiste les belles lignes tracées par les maîtres, et qui ont permis aux pauvres ce grand luxe des riches : la galerie des êtres aimés !

Le nom de DAGUERRE a survécu, alors même que se sont évanouies les œuvres que ses procédés ont pu produire ; celui de NICÉPHORE NIÈPCE, son prédécesseur et son associé, celui de FOX TALBOT sont peu connus du public, et celui d'ALPHONSE POITEVIN, dont les travaux ont permis de transformer par de nombreux procédés une image éphémère en une épreuve durable et de multiplier à l'infini les tirages trop restreints que donnaient les premières méthodes, le nom de Poitevin est resté dans l'ombre de la Science, dépassant à peine le milieu spécial qui seul appréciait ses utiles travaux, alors que tous en recevaient ou en recevront les bienfaits.

POITEVIN, pourtant, a consacré sa vie entière aux recherches qui ont amené ces résultats ; dès son adolescence, qui s'est passée dans son pays natal, à Conflans, dans la Sarthe, il montrait un goût particulier pour l'étude des sciences, et en 1840, à l'âge de vingt et un ans, il entrait brillamment à l'École Centrale, d'où, trois ans plus tard, il sortait, troisième de sa promotion, avec le diplôme d'ingénieur chimiste.

Dès lors sa vocation était tracée. Frappé par les remarquables résultats obtenus par la récente découverte de Daguerre, il en avait cependant vite aperçu les points faibles : le procédé sur plaque d'argent ne donnait qu'une seule image d'un prix relativement élevé, il fallait la multiplier économiquement.

Déjà les rares loisirs que lui laissaient ses études à l'École Centrale avaient été consacrés à des recherches pour reproduire l'image de la plaque daguerrienne par la galvanoplastie, recherches qu'il espérait alors pouvoir continuer; mais, dès sa sortie de l'École, nous voyons commencer l'antagonisme entre la vocation et la lutte pour la vie : chimiste attaché aux salines de l'Est, apportant successivement dans les salines de Dieuze, de Montmorot, d'Arc, de Gouhenans les améliorations suggérées par les connaissances acquises, il dut abandonner pendant plusieurs années, pour les travaux industriels, les recherches qui le charmaient.

Cependant, de 1847 à 1855, sans quitter la position conquise par son travail, il reprend son idée première, et s'efforce, par l'emploi des procédés galvanoplastiques, d'obtenir la gravure de l'image daguerrienne ou d'en faire une contre-épreuve qui, enlevée au moyen d'une couche de gélatine, donnait une sorte de négatif que l'on pouvait imprimer en image positive sur papier au chlorure d'argent.

Vers cette époque, il se fit en photographie une première transformation; la plaque de Daguerre fut abandonnée pour faire place à ces procédés dérivés de l'invention de Talbot, qui produisaient à la chambre noire une image négative, servant ensuite à imprimer un nombre quelconque d'images positives.

Mais voici que je me sers de mots inconnus pour beaucoup de personnes; je parle d'épreuves négatives, d'épreuves positives; ces expressions reviennent continuellement, dès que l'on dit quelques mots sur la Photographie ; et, avant d'aller plus loin, il me semble indispensable de vous les expliquer.

Dans les conditions les plus générales, l'image photographique résulte de l'action de la lumière sur les sels d'argent ; parmi ces sels, ceux que nous employons sont blancs ou peu colorés, tels que le chlorure, le bromure, l'iodure d'argent ; la lumière, en agissant sur eux, les rend noirs ou aptes à noircir ; de là cette conséquence

Fig. 1.

que le résultat de l'action lumineuse est juste l'inverse de ce que nous cherchons. Un portrait de femme blanche avec une robe noire nous donnera donc une femme noire avec une robe blanche. Le ciel lumineux d'un paysage et les arbres sombres sont représentés par un ciel noir et des arbres blancs. C'est l'épreuve renversée (*fig.* 1), c'est l'épreuve négative. Mais, recommençons l'opération, en prenant comme modèle cette épreuve négative; les effets sont de nouveau renversés, nous obtenons l'image conforme à la nature (*fig.* 2), et le modèle négatif n'étant nullement altéré, nous pouvons en tirer un nombre indéfini d'épreuves positives.

Voici donc les opérations photographiques divisées en deux grandes classes : la production des négatifs et l'impression des positifs; c'est surtout de ces derniers que s'est préoccupé Poitevin.

Fig. 2.

Le type négatif peut être obtenu très rapidement, grâce à la découverte faite par Daguerre de l'image latente.

Cette image latente résulte d'une action invisible et encore inexpliquée que la lumière fait subir à certains sels d'argent; elle frappe le composé sensible, et celui-ci peut être instantanément modifié dans sa nature sans que l'on aperçoive trace de la modification ; les parties touchées par la lumière ne diffèrent en rien des autres lorsqu'on les examine, mais elles noirciront sous l'influence de certains réactifs réducteurs; la réduction sera proportionnelle à l'intensité lumineuse qui a agi, et l'image se développera graduellement.

L'expérience est exécutée devant vous en projection: une glace a été impressionnée dans la journée, on la plonge ici dans une petite cuve contenant le réactif approprié (acide pyrogallique et carbonate d'ammoniaque), le tout est agencé dans la lanterne à projections en séparant la cuve de la trop vive lumière au moyen d'un verre jaune, qui arrête les rayons chimiques, et l'épreuve se dessine peu à peu sur l'écran. Toutefois, en raison de la vive lumière transmise même à travers le verre jaune orangé, l'expérience ne peut durer que quelques secondes, et le tout se fond dans une teinte grise uniforme.

Je vous parlais de la rapidité de l'impression; de récents progrès l'ont tellement augmentée, que c'est à peine si j'oserai vous dire comment elle est calculée actuellement. Nicéphore Nièpce demandait des heures pour avoir une image à peine accusée; avec le procédé primitif de Daguerre, trois ou quatre minutes suffisaient; bientôt l'emploi du bromure d'argent, puis du collodion, réduisit ces minutes en secondes; mais voici que, dans ces dernières années, au lieu d'albumine, de collodion, on reprend la gélatine, que, dès 1850, Poitevin avait indiquée comme un milieu éminemment apte à favoriser les réactions photographiques; M. Balard fit à ce sujet une communication, au nom de Poitevin, à l'Académie des Sciences.

Seulement, comme tant d'inventeurs, Poitevin arrivait vingt-cinq ans trop tôt, posant un jalon et traçant la route qui fut parcourue plus tard. En 1872 et 1873, M. Stas étudiant les diverses modifications que subit le bromure d'argent, nota l'extrême sensibilité de décomposition par la lumière que prend ce produit sous l'influence d'une ébullition prolongée ; puis, par la réunion des deux conditions, on put obtenir, avec la gélatine et le bromure d'argent, ces plaques dites *au gélatino-bromure*, d'une sensibilité telle qu'on arrive à fixer une image par la lumière réfléchie en $\frac{1}{50}$, $\frac{1}{100}$ et même $\frac{1}{500}$ de seconde, et dans des conditions exceptionnelles en $\frac{1}{1500}$ et même en $\frac{1}{3000}$ de seconde comme l'a fait M. Janssen en photographiant directement le Soleil. Tout porte à croire qu'on ne s'arrêtera pas là.

C'est la vie, c'est le mouvement pris sur le fait ; ce sont de nouvelles méthodes de vérification, des documents de toute nature offerts aux savants et aux artistes.

On peut saisir les attitudes réelles des animaux, suivre leurs divers mouvements pendant la marche comme le prouvent les épreuves faites par M. Chardon, par M. Rolland ; on peut reproduire, ainsi que l'a fait M. Muybridge, les diverses allures d'un cheval, les exercices de l'homme, ou fixer, avec M. Marey, le mouvement rapide des ailes de l'oiseau qui vole.

On prend instantanément des scènes pittoresques comme celles reproduites par MM. Audra, Braun (Fernand), Hieckel ; c'est ainsi que M. Janssen a pu inscrire divers phénomènes célestes, et par la photomicrographie on examine avec plus de facilité la structure des infiniment petits, comme le montrent les belles épreuves de diatomées et de parasites faites par M. Ravet. On peut encore fixer, pour des constatations indiscutables, comme l'a fait M. le capitaine Joly, le point d'éclat de l'obus dans le ciel, ou tracer le mouvement variable du recul des canons suivant les divers angles du tir

C'est un champ nouveau à exploiter ; j'aurais voulu

m'arrêter avec vous sur l'importance de ce nouveau procédé photographique, qui touche par un point à l'une des plus anciennes recherches faites par Poitevin, mais j'ai dû me borner à vous montrer quelques spécimens ([1]).

Lorsque les clichés sont obtenus, nous avons dit qu'ils doivent être imprimés en épreuves positives, soit en répétant l'opération comme on le fait pour les épreuves destinées aux projections, soit en produisant les images sur papier; le procédé généralement employé au début, et maintenant encore, est l'impression sur papier albuminé préparé au chlorure d'argent, et, devant les résultats obtenus, on put croire un instant que les recherches de gravure héliographique, d'impression par les encres grasses ne devaient plus avoir d'intérêt; mais bientôt on s'aperçoit que les épreuves dites *à l'argent*, qui ont le défaut d'être coûteuses et irrégulières, en ont un bien plus grave encore : elles ne sont pas solides, elles s'altèrent, elles sont toutes destinées à disparaître dans un temps très rapproché, quelle que soit leur valeur; et aux regrets que pouvait causer dans la famille la disparition d'un portrait cher, vint s'ajouter le cri d'alarme des savants et des artistes qui voyaient s'effacer entre leurs mains des documents réunis le plus souvent à grand'peine et à grands frais.

Alors un homme dont le nom est resté considérable dans les sciences et dans les arts, le duc Albert de Luynes, donna une énergique impulsion aux recherches commencées pour détourner ce mal. En 1856, il mit au concours deux prix de grande valeur, l'un de 2000^{fr} pour l'obtention de l'image photographique avec une matière aussi inerte que le carbone; l'autre, de 8000^{fr}, pour le

([1]) Nous adressons tous nos remerciements à M. Molteni pour le soin qu'il a apporté à toutes les projections faites pendant le cours de cette Conférence.

meilleur procédé d'impression photographique au moyen des encres grasses.

Poitevin qui, à cette époque, avait continué d'étudier avec soin l'action, encore peu connue, de la lumière sur les mélanges de matières organiques et de bichromates alcalins, résolut le double problème par l'emploi raisonné de ces substances, et il remporta en 1862. puis en 1867, les deux prix proposés, après élimination successive de ses nombreux concurrents, dont le plus important pour le prix de 8000fr fut Ch. Nègre, qui avait présenté au concours de grandes planches héliographiques sur acier, d'une exécution très remarquable.

Aujourd'hui celui qui fut chargé du rapport sur le dernier concours est devant vous, et après quinze années, après avoir vu se fermer récemment les deux tombes de Nègre et de Poitevin, tous deux si dignes d'intérêt, il peut vous faire part de scrupules, maintenant disparus, mais qui n'ont pas été sans troubler quelquefois sa conscience.

Des deux concurrents l'un était un artiste habile, jaloux de son œuvre, s'isolant dans son travail, faisant à peine connaître quelques détails de son procédé, mais présentant de très beaux résultats.

L'autre, Poitevin, était un chimiste, cherchant et trouvant des réactions nouvelles, mais les utilisant avec moins de succès, basant sur ses recherches des séries de méthodes d'une application juste, mais n'apportant à l'appui que des images dont toute la valeur résidait dans le contrôle exact de la réaction indiquée. J'étais alors hésitant devant la décision qui m'était tracée par un grand savant, Regnault; mais il fit cesser mes doutes, en me rappelant que dans l'ordre scientifique comme dans l'ordre moral les principes priment le succès; ce dernier n'est souvent qu'éphémère, tandis que les principes justes poussent des racines fécondes et les bienfaits qu'ils produisent sont infinis.

Aujourd'hui, l'œuvre de Ch. Nègre est restée, mais isolée, presque oubliée, tandis que les recherches et les études de Poitevin ont fructifié, elles ont donné naissance à une foule d'applications diverses dont il est le premier inventeur, d'autres en ont récolté les fruits.

Nous retrouvons les preuves de ses constantes études dans les nombreuses communications faites en son nom à l'Académie des Sciences par M. Balard, par M. Edm. Becquerel, et insérées dans les *Comptes rendus*; d'autres ont été adressées à la Société d'Encouragement et primées par elle; d'autres, à la Société Française de Photographie. Ces études portent d'abord, nous l'avons dit, sur des essais de gravure de l'image daguerrienne, sur l'obtention de clichés négatifs, sur des méthodes diverses pour employer la gélatine comme milieu favorable aux réactions photographiques; et en 1855 Poitevin présente toute une série de procédés nouveaux, basés sur les modifications que la lumière fait éprouver à un mélange de bichromate alcalin et de substances organiques, telles que la gélatine, l'albumine, la gomme arabique ou autres matières analogues.

De ces modifications découlent : les impressions aux matières colorantes inertes, vulgairement appelées *photographies au charbon*, celles faites avec des papiers qui portent actuellement différents noms dans le commerce, des modes faciles de reports lithographiques, des procédés directs de lithophotographies, des méthodes de moulages dites *hélioplastie*, des applications céramiques avec couverte à teinte dégradée, dans lesquelles se trouve le germe de la photoglyptie et les lithophanies photographiques.

Nous touchons également, avec Poitevin, à divers procédés de gravure ; il est aussi l'inventeur premier de toutes ces méthodes d'impression à l'encre grasse sur surface plane, analogues à la lithographie, faites sur glace, sur cuivre, sur zinc, sur pierre et même sur papier, et qui, sorties de France entre les années 1867 et 1870, ne tardèrent pas à y rentrer, voilées sous des noms étrangers et sous des formules d'emprunt qu'il était facile de démasquer. Il suffisait, en effet, de lire ces quelques lignes imprimées longtemps avant, en 1862, par Poitevin :

« La possibilité une fois reconnue de faire adhérer l'encre grasse et tous corps gras aux seules parties modifiées par la lumière d'une surface *quelconque* recouverte du mélange précité (bichromate et matières gommeuses et gélatineuses), j'étais arrivé à la possibilité de la photolithographie. »

Cette phrase, bien qu'elle ne fût publiée qu'en 1862, s'applique aux travaux faits en 1855.

Plein de confiance en ses découvertes, satisfait de ses premiers essais, Poitevin entrevoit dans leur exploitation un avenir et la liberté de se livrer à ses études favorites ; il quitte les attaches qui absorbent son temps ; il se fait apprenti, ouvrier, puis patron, et il crée un atelier de photolithographie ; mais il avait oublié que, moins que tous autres, les inventeurs, les savants, ne peuvent s'attarder aux applications mercantiles ; leur génie, comme celui de l'artiste, plane dans des régions plus élevées ; sans cesse poursuivis par la fièvre du mieux et de l'idée nouvelle, ils leur sacrifient le temps, les soins, les calculs sévères que demande l'exploitation industrielle. A peine deux ans s'étaient-ils écoulés dans les soucis et les déboires, que Poitevin cédait, à un prix à peine compensateur des dépenses faites, ces brevets sur lesquels il avait fondé de si belles espérances.

Voyons ce que ces procédés sont devenus aujourd'hui,

et posons d'abord le principe général des études de Poitevin.

Les matières gélatineuses, albumineuses, gommeuses et analogues, mélangées de bichromate alcalin, deviennent plus ou moins profondément insolubles ou imperméables, résistent plus ou moins à l'action de l'eau, lorsque la lumière les a frappées; cette action est proportionnelle à la somme, à l'intensité lumineuse.

Ce principe établi, il devient facile de comprendre les diverses applications qui en dérivent.

Sur un papier, on a étendu une couche d'albumine mélangée d'une matière colorante (encre de Chine ou toute autre couleur inerte); cette préparation devient sensible à la lumière si on couche le dos de la feuille sur un bain de bichromate de potasse; le liquide pénètre à travers la feuille de papier et se mélange ainsi à l'albumine sans la dissoudre. Après dessiccation, ce papier est exposé au jour sous un cliché de traits, puis immergé dans l'eau froide; l'albumine non touchée par la lumière se dissout entraînant la matière colorante; mais, dans les parties qui ont reçu l'action lumineuse, l'albumine devenue insoluble reste sur le papier emprisonnant la substance colorée et formant le dessin, comme vous le voyez pour les épreuves que M. Roger nous a préparées à l'avance : ainsi peuvent s'obtenir avec grande facilité des reproductions de cartes, de plans, etc. Mais je puis aussi bien opérer avec l'albumine bichromatée non colorée et après exposition à la lumière, au moyen d'un rouleau d'imprimeur chargé d'encre grasse, je fais tableau noir en couvrant uniformément toute la surface albuminée; lorsque je mets ensuite cette feuille dans l'eau, l'encre grasse est entraînée partout où l'albumine est dissoute, elle reste là où la lumière a rendu l'albumine insoluble; je puis donc faire ainsi rapidement une épreuve à l'encre noire d'imprimerie; au lieu d'encre ordinaire, j'ai pu prendre l'encre dite de *report*, et l'épreuve qui en résulte, bien nettoyée, est mise soit sur pierre, soit sur zinc par les procédés connus du report, et l'on peut tirer, par les procédés industriels courants, un nombre indéfini d'exemplaires.

Au lieu d'albumine, si l'on prend une solution de gélatine que l'on mélange en quantité convenable avec une matière colorante inerte quelconque, on obtient en l'étendant sur papier une surface de couleur très foncée. Ce papier est sensibilisé en le plongeant dans un bain de bichromate de potasse à 3 pour 100 d'eau; puis, après dessiccation, on l'expose sous un cliché. La lumière vient alors, suivant les transparences plus ou moins grandes de ce cliché, *sculpter* l'image dans l'épaisseur de cette couche colorée, et cela avec une perfection, une délicatesse merveilleuses. Quand on retire l'épreuve du châssis, l'image n'est pas visible, elle est empâtée dans l'excès de gélatine et de couleur; il faut, pour l'obtenir, enlever tout ce que la lumière n'a pas modifié, à peu près comme le praticien enlève d'un bloc de marbre tout ce qui n'est pas sa statue; mais ici le praticien inconscient et sûr sera l'eau tiède, éliminant par dissolution de la gélatine toute la matière colorante inutile, et l'épreuve, comme vous le montre M. Chardon [1], sort complète avec telle coloration que l'on a choisie. Un tour de main très heureux, indiqué par M. l'abbé Laborde et aussi par M. Fargier, consiste à toujours développer l'épreuve par le côté opposé à celui qui a reçu l'impression, ce qui permet d'obtenir les teintes les plus délicates insolubilisées par la lumière.

C'est par ce procédé modifié de différentes façons, que

(1) Je prie mon excellent ami M. Chardon de recevoir tous les remerciements dus à l'habileté et au désintéressement avec lesquels il m'a prêté son concours pour toutes les préparations et les manipulations exécutées devant l'auditoire. A. D.

sont faites toutes les photographies dites *au charbon*. MM. Braun et Cie, très experts dans ce mode de tirage, exécutent ainsi toutes leurs épreuves d'après les grands maîtres, et ils ont bien voulu en envoyer ici un assez grand nombre pour que vous puissiez apprécier le côté réellement pratique de ce mode d'opérer.

Au lieu de reporter l'épreuve sur papier, je puis la mettre sur verre douci et produire ainsi de charmantes images transparentes semblables à celles qui m'ont été confiées par M. Carlos Relvas, très habile amateur photographe de Portugal.

En mettant une couche excessivement mince d'albumine bichromatée sur pierre lithographique et en exposant cet enduit au soleil sous un cliché, Poitevin obtint des dessins qu'il lui suffisait de traiter par les procédés ordinaires de la lithographie pour en faire le tirage; il reconnut en outre que si l'exposition a été convenable, la surface continue de gélatine bichromatée prend l'encre là où la lumière l'a rendue suffisamment imperméable à l'eau, tandis qu'elle s'imbibe d'eau et repousse l'encre dans les parties préservées de l'action lumineuse, et il put dire qu'une impression analogue à la lithographie pouvait être obtenue sur une surface quelconque recouverte du mélange précité. Actuellement, en effet, ce mode d'impression peut être exécuté sur glace, sur cuivre et sur beaucoup d'autres surfaces planes, pourvu que la couche gélatineuse y soit suffisamment adhérente. Les tirages exécutés devant vous, et les glaces qui m'ont été confiées par M. Berthaud fils vous montrent avec quelle perfection s'exécute cette pseudo-lithographie. J'insiste sur ce point que, dans ces expériences, c'est la gélatine adhérente et continue qui fait fonction de surface lithographique, quel que soit son support. Les résultats qui sont sous vos yeux ont été obtenus par MM. Chardon, Berthaud,

Quinsac, Roche, Carlos Relvas, etc.; en Allemagne, en Autriche, en Italie, en Angleterre, on fait un fréquent usage de ce procédé, ainsi qu'en France et plus qu'en France sous les noms si variés d'*Albertypie*, *Collotypie*, *Licht-Druck*, *Phototypie*, etc.; mais le principe reste le même, il appartient entièrement à Poitevin, et l'on est en droit de se demander, alors que l'on cherche de nouveaux gisements de pierres lithographiques, s'il n'a pas résolu la question de la manière la plus simple, en les supprimant.

Lorsque la gélatine bichromatée est mise dans l'eau froide après son insolation sous un cliché, elle absorbe l'eau dans une proportion inverse de l'action lumineuse, nous le savons, mais alors elle se gonfle plus ou moins et produit une sorte de modelage dont les reliefs et les creux sont renversés suivant que l'on a employé un négatif ou un positif, ou plus simplement suivant que l'on a fait un moule et un contre-moule, avec cette remarque toutefois que ces reliefs reproduisent non pas des proportions sculpturales, mais des proportions lumineuses, ainsi que cela existe dans les plaques translucides de porcelaine que l'on nomme des *lithophanies*.

Poitevin a indiqué sous le nom général d'*hélioplastie* toute une série d'applications de cette réaction de la lumière sur la gélatine bichromatée; ces moulages, convenablement étudiés et reproduits, peuvent donner des planches en relief ou en creux, utilisables pour la typographie [*fig.* 3 ([1])], ou la gravure en taille-douce, ou servir à la fabrication des lithophanies; lorsque l'épreuve est obtenue en creux sur une matière céramique, on peut remplir les creux plus ou moins profonds avec un émail coloré et transparent. Après la cuisson, l'image se montre avec des teintes qui sont dégradées suivant l'épaisseur plus ou

([1]) Ce spécimen est un des premiers essais faits par Poitevin.

moins grande de la couche d'émail, et si nous suivons dans ses conséquences le développement de ce principe, de cette idée première, nous voyons ce moulage en matière céramique se transformer et devenir la photoglyptie. Par des moyens un peu différents de ceux de

Fig. 3.

Poitevin, M. Woodbury a remplacé le moulage au plâtre par le moulage dans le métal sous une presse hydraulique puissante. Alors ce n'est plus le gonflement plus ou moins prononcé de la gélatine qui est utilisé pour produire l'épreuve, ce sont les parties solides qui restent après élimination par l'eau chaude des parties solubles.

Lorsque la dessiccation a rendu cette image en gélatine

Fig. 4.

complètement dure, on la place sur une plaque de plomb

et on la comprime entre deux plans sous la presse hydraulique (*fig.* 4). Il est curieux de voir cette délicate épreuve formée par l'action des rayons lumineux avec leur infinie dégradation de teintes, subir une pression brutale pour laquelle le levier de la presse mue par la main de l'homme ne donnant pas une force suffisante, il faut

Fig. 5.

emprunter l'aide d'une machine à vapeur. La plaque de métal sur laquelle repose la gélatine photographique s'écrase, celle-ci y pénètre en reproduisant en creux les moindres différences de ses reliefs et elle en sort intacte prête à subir une seconde pression et à donner un second moule.

Les moules sont placés chacun, horizontalement, dans de petites presses (*fig.* 5) analogues à celles employées pour les copies de lettres, mais plus précises; on les dispose sur une table tournante, de manière que chacune vienne se présenter tour à tour sous la main de l'ouvrier (*fig.* 6). Il suffit alors de verser dans le moule une encre chaude gélatineuse visqueuse que l'on recouvre d'un papier imperméable, et de fermer la presse; l'excès d'encre déborde; pendant que la table fait un tour,

Fig. 6.

ce qui reste dans les creux du moule se fige par refroidissement, adhère au papier et quitte le moule, en donnant ainsi la facilité d'une multiplication indéfinie.

Ce procédé photoglyptique est une conquête réelle; c'est un mode nouveau d'impression, demandant son outillage et son installation spéciale; il faut compter maintenant par centaines de mille le nombre des épreuves ainsi obtenues et répandues dans la circulation, elles ressemblent, à s'y méprendre, aux plus belles images photographiques positives, avec cette différence qu'au lieu d'être produites par les réactions infiniment délicates de la lumière, elles sont le résultat des engins les plus puissants; elles ont, en outre, la solidité des matières colorantes choisies pour teinter la gélatine qui les forme. On peut reporter cette impression gélatineuse sur une feuille de verre au lieu d'une feuille de papier, et faire des sujets d'ornementation, ou produire, à des prix réduits, ces épreuves transparentes pour projections, qui sont si utiles pour l'enseignement par les yeux.

En apportant à ce procédé quelques modifications nécessaires, M. Rousselon a reproduit ce moulage par la galvanoplastie; il a obtenu ainsi un mode de gravure en taille-douce du cliché photographique donnant ces belles planches de photogravure éditées par la maison Goupil, et dont vous voyez quelques spécimens.

Rattachons encore à cette initiative de Poitevin l'action des vapeurs humides sur des surfaces hygroscopiques fournies par un mélange d'albumine et de matières sucrées, telles que le sucre, le miel, la glycose, additionnées de bichromate d'ammoniaque. Les recherches sur ce sujet furent faites par MM. Salmon et Garnier. Nous mentionnons seulement leur parenté avec celles de Poitevin; mais nous reconnaissons qu'il faut laisser aux auteurs qui les ont appliquées le mérite de leurs travaux.

Lorsque le mélange ci-dessus est étendu en couches minces et séchées sur une surface, il suffit d'y appliquer une épreuve photographique positive et de faire agir la lumière; celle-ci rend les parties qu'elle frappe moins hygroscopiques, les dessèche même tout à fait; aussi, la préparation, rentrée dans un milieu légèrement humide, absorbe la vapeur d'eau ambiante en raison inverse de l'action lumineuse, les poudres que l'on promène à la surface y adhèrent plus ou moins en dessinant une image excessivement fine; c'est ainsi que se font actuellement presque tous les émaux photographiques; l'image obtenue avec une poudre vitrifiable est reportée par des tours de main très ingénieux sur un fond d'émail blanc, puis passée à la moufle d'émailleur, et donne une épreuve vitrifiée comme celles que vous voyez, qui m'ont été confiées par M. Mathieu Deroche.

Je suis loin d'avoir épuisé ce sujet si fécond des applications fondées sur les réactions des bichromates solubles, mélangés de matières organiques; j'ai mentionné seulement les principales, vous pouvez juger de leur importance.

Et pourtant Poitevin, déçu dans ses espérances, se voit forcé d'utiliser d'une manière plus positive pour l'existence ses connaissances scientifiques. Dans l'espace de dix années, il dirige successivement, à Lyon, l'usine de produits chimiques de M. Pereire; à Ahun les mines, puis à Folembray, des manufactures de verreries; dans ces diverses positions, il n'abandonnait pas ses études favorites sur l'action chimique de la lumière, et il fit connaître des recherches sur les mélanges d'alloxantine et de bichromate de potasse, des méthodes variées pour faire des épreuves positives, soit directement avec les sels d'argent, soit par les réactions des sels de fer et de l'acide gallique; il publia des formules pour obtenir sur papier la reproduction des couleurs. Ces méthodes, qui pourront être reprises dans la suite, n'ont pas encore été utilisées pratiquement; nous nous arrêterons seulement à une réaction étudiée par lui, celle que produit la lumière sur un mélange de perchlorure de fer et d'acide tartrique, qui, plus tard, eut d'heureuses applications.

Lorsqu'un semblable mélange est étendu en couche mince sur une glace doucie, puis séchée, et qu'il est ensuite exposé à la lumière, il se fait une réduction : le perchlorure est ramené à l'état de protochlorure; cette action est rapide. Nous avons donc là les éléments d'une image photographique ; un peu d'humidité ambiante, une poudre quelconque promenée à la surface de la préparation, suffisent pour faire apparaître l'image, car le protochlorure de fer, plus hygrométrique que le perchlorure, retient la matière colorante. J'aurais voulu vous montrer cette expérience si simple, mais elle eût échoué; la vapeur humide nécessaire est ici en trop grand excès. M. Gobert, attaché à la Banque de France, a bien voulu me prêter des spécimens qui prouvent la valeur du procédé; l'image que l'on produit sur la glace est transportée sur papier par des tours de main habiles. On peut faire apparaître l'épreuve par des poudres vitrifiables, la transporter sur plaque d'émail, la passer au feu de moufle, et l'on a une image indélébile.

La différence produite par la lumière dans l'état des deux sels de fer peut être accusée par de nombreuses réactions, qui sont autant de causes d'apparition de l'image photographique; en outre, les matières organiques, comme le papier ou substances analogues, prennent, par l'action lumineuse, un certain état d'imperméabilité que Poitevin a signalé dans son travail, et ces actions diverses, modifiées, étudiées au point de vue pratique, ont reçu leur consécration industrielle et rendu des services sur lesquels j'arrête un instant votre attention. On prépare actuellement des milliers de mètres courants de papier couvert d'un mélange de perchlorure de fer, additionné d'un acide organique et d'un mucilage.

C'est le papier Pellet ou cyanofer. Soumis à la lumière sous de simples calques, puis passé dans un bain de cyanoferrure de potassium concentré, suivi de lavages acidulés, ce papier donne la reproduction exacte du calque en traits bleu foncé sur fond blanc, ce qui permet l'addition des couleurs conventionnelles et les corrections nécessaires.

Je désire que vous vous rendiez compte de l'importance économique de ces procédés : dans une haute administration dont le réseau s'étend sur toute la France, il a été établi une soixantaine de bureaux spécialement consacrés à la reproduction rapide des dessins par les procédés photogéniques. Chacun d'eux remplaçant plusieurs dessinateurs, et n'occupant qu'une partie du temps d'un seul employé, ils équivalent en fait à un véritable accroissement de personnel et réalisent pour l'ensemble des services une économie qu'on peut chiffrer à plusieurs centaines de milliers de francs.

Quant à Poitevin, qui est le promoteur ou l'inventeur de ces applications, il n'a plus voulu renouveler ses tentatives industrielles; il a quitté celles qu'on lui avait confiées; il a renoncé en 1869 à ces luttes sans profit et s'est retiré au pays natal où, avec des ressources modiques, il s'est consacré à sa famille et a continué pendant quelques années les recherches favorites qui lui ont du moins rapporté quelques éclairs de gloire; mais la famille s'est augmentée, les besoins sont devenus plus considérables, et bientôt, douleur profonde! il comprend que les réactifs qu'il achète, ses instruments de travail, sont pris sur le nécessaire de la maison; il cesse donc de travailler, il cesse de vivre, car la torpeur envahit ce cerveau fatigué, et le lauréat du prix de Luynes, chevalier de la Légion d'honneur en 1862, le candidat adopté en 1878 par le jury de l'Exposition universelle, comme collaborateur de tous les progrès photographiques de trois grandes nations, la France, l'Autriche, la Russie, proposé vainement pour une allocation rémunératrice exceptionnelle, le lauréat du grand prix du marquis d'Argenteuil, donné par la Société d'Encouragement, le père de tous les progrès photographiques récents, meurt le 4 mars dernier, laissant aux administrations les profits des larges économies que leur procurent ses découvertes; aux industriels, des éléments de richesse; à sa veuve et à ses quatre enfants, l'honneur de son nom.

La place d'inspecteur des manufactures, qui servait à élever et à instruire ses enfants, disparaît avec lui, et si l'aîné, qui a dix-neuf ans, a besoin d'être aidé et soutenu pour arriver à conquérir le titre d'ingénieur que son père ambitionnait pour lui, la plus jeune, âgée de vingt mois, pèsera longtemps encore sur les bras de sa mère.

Ne sommes-nous pas là devant cette situation si vivement ressentie par l'illustre Thenard quand il fonda la grande Association des Amis des Sciences : quand, heureux de la voir augmenter en influence et en richesses, il pouvait dire aux savants :

Que vos préoccupations poignantes sur le sort de ceux qui doivent vous survivre s'adoucissent; notre Société, dans la mesure de ses moyens, veillera sur vos veuves, adoptera vos orphelins.

Aussi nous remettons les intérêts de la famille Poitevin entre les mains du grand et digne successeur de Thenard.

Les moyens dont dispose la Société, nous le savons, sont encore insuffisants en présence de toutes les souffrances à soulager. Récemment, son illustre président a fait un chaleureux appel en faveur de tant d'infortunes, permettez à un membre obscur de l'Association de le répéter tout bas, en disant : Venez à nous, donnez, donnez encore, donnez toujours pour ces martyrs de la Science; jamais vos largesses ne compenseront ni les maux qu'ils ont soufferts, ni le bien qu'ils vous ont fait.

A. DAVANNE.

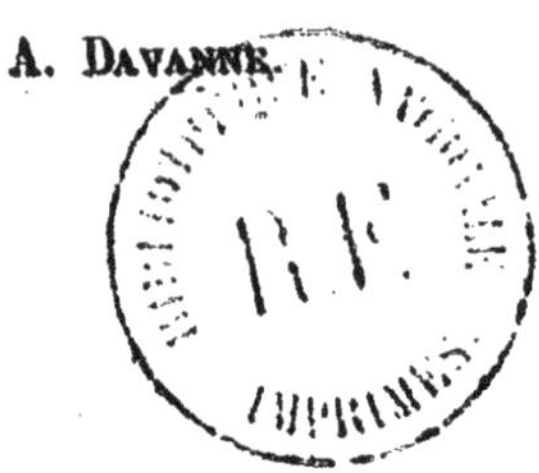

Paris. — Imp. Gauthier-Villars, 55, quai des Grands-Augustins.

Paris. — Imp. Gauthier-Villars, quai des Augustins, 55.

www.ingramcontent.com/pod-product-compliance
Ingram Content Group UK Ltd.
Pitfield, Milton Keynes, MK11 3LW, UK
UKHW021206230726
13926UKWH00001B/334